科学がひらく
スマート農業・漁業

1

人工衛《えい》星《せい》とITで米づくり

監修▶大谷隆二 農研機構東北農業研究センター
著▶小泉光久
絵▶寺坂安里

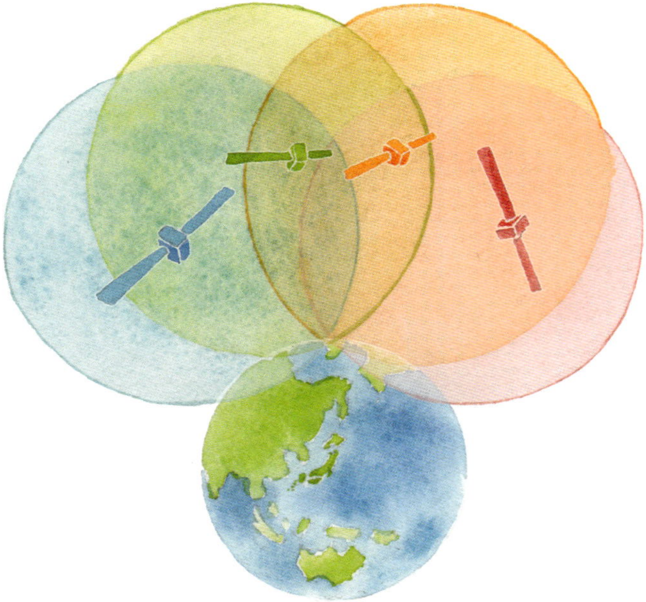

大月書店

目次

① 最新技術で未来をひらく

▶ドローンでとらえる米の生長《せいちょう》 2

▶イネの生長観察《かんさつ》に使われるセンサーのしくみ 4

▶人工衛星《じんこうえいせい》を使って収穫時期《しゅうかくじき》を色分け 6

▶ GNSSで精密農業《せいみつのうぎょう》 8

▶自動運転の時代がやってきた 10

▶最新鋭《さいしんえい》コンバインで「見える化」農業 12

▶米作りに使われているGNSSのしくみ 14

▶スマート農業と米作りの未来 16

▶遺伝子《いでんし》をとらえて米を改良 18

② いろいろな米作りにいかされる技術

▶中山間地《ちゅうさんかんち》農業の機械化 20

▶技術と機械が支える２年３作と乾田直播《かんでんちょくはん》 22

▶最新施設で米の保管《ほかん》・精米《せいまい》 24

▶農作業に合わせて進歩した機械 26

③ 地域社会《ちいきしゃかい》とともにすすめる米作り

▶震災《しんさい》から立ち直って、新しい農業へ 28

▶若者たちの米作りへの挑戦《ちょうせん》 20

▶コシヒカリの里の米作り 32

4 米作り小事典 34

①
最新技術で未来をひらく

米作りの作業は、1960年代のなかばごろから機械化がすすんで、はたらく時間が短くなり、生産力も高くなりました。同時に、米の生長《せいちょう》を観《かん》察《さつ》し、品質《ひんしつ》がよい米をたくさんとる技術の開発も行われてきました。

現在では、機械の改良が重ねられ、自動運転ができるようになりました。生長の観察も、ITとセンサーなどの最新機器を使って、正確に分析《ぶんせき》できるようになりました。

なお、ITとは、コンピュータやデータ通信を使った技術のことです。最近では、ITに情報伝達などのコミュニケーションを強調した「ICT」という言葉も使われています。

▶▶▶ ドローンでとらえる米の生《せい》長《ちょう》

ドローン・マルチコプターで
米の生長《せいちょう》を調べる

無人ヘリコプターで米の生長《せいちょう》を調べる

米の生長は、葉の色、茎《くき》の本数と長さで調べます（5ページ参照）。葉の緑色は、肥料《ひりょう》のチッソが多いとこくなり、少ないとうすくなります。茎の本数と長さ、穂《ほ》の数も肥料の量によって変化します。また、穂の色で収穫《しゅうかく》時《じ》期《き》を判断することもできます。

こうした米の生長観察や収穫時期の予測《よそく》にセンサーが利用され、農作業に生かされています。センサーを使った測定《そくてい》方法を「リモートセンシング」といい、ドローン（無人飛行体）などに取りつけて測定します。

取材協力・写真提供／農研機構農業技術革新工学研究センター

イネの生《せい》長《ちょう》観《かん》察《さつ》に使われるセンサーのしくみ

反射した光を
センサーでキャッチ

↓

コンピューターで
分析《ぶんせき》し、グラフや画像に
データ化します

↓

生長観察などの
農作業にいかします

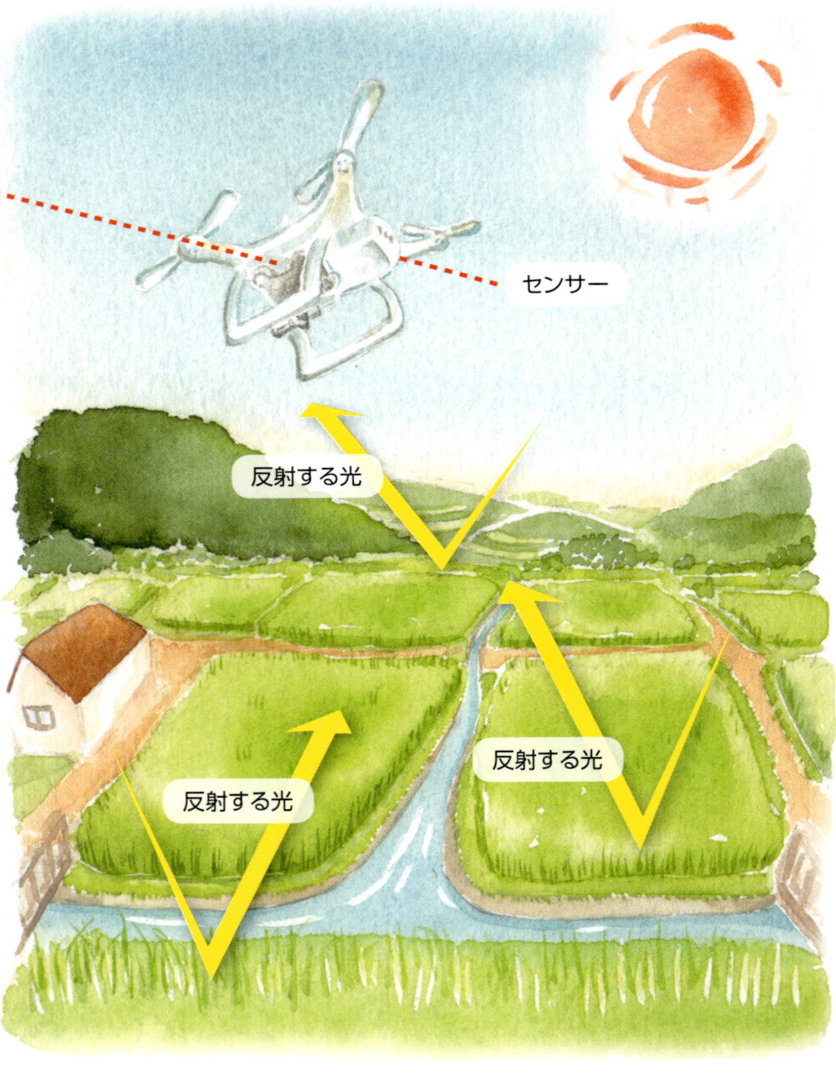

田んぼなど地面にあるものから反射する光の強さをセンサーでとらえて、植物の生長を知ることができます。農研機構農業技術革新工学研究センターでは、太陽光側のセンサーで検出した周囲の明るさと、作物側で検出した明るさから、作物が太陽の光をどのくらい反射したか（反射率）を測定しています。

イネの生長を調べるポイント

イネの生長は、茎数《けいすう》（茎《くき》の本数）、草たけ（イネの身長）、葉の色、根のはりぐあいなどで調べます。なお、草たけが高くて、葉の色がこく、茎数が多いほど生育センサーの値が大きくなります。

草たけ（イネの身長）

のびすぎるとたおれてしまいます。

根

しっかりはった根は、1株《かぶ》当たり500～1000本くらい生えます。病気にかかった根は黒っぽくなります。

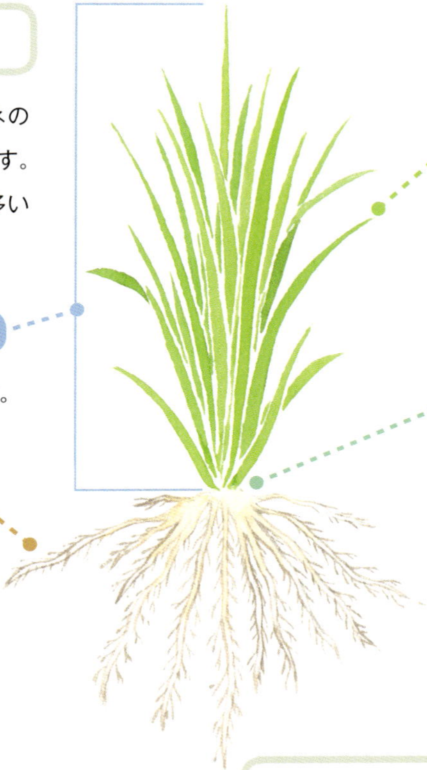

葉の色

うすいときは養分《ようぶん》が少なく、こすぎるときは養分が多すぎます。また、葉の色でみのりぐあいもわかります。

茎数（枝分かれしてできた茎）

茎には穂《ほ》がついて、実（もみ）になります。ただ、多すぎると実のつく茎がへってしまい、収穫量《しゅうかくりょう》が少なくなってしまいます。

田んぼを上から見た図

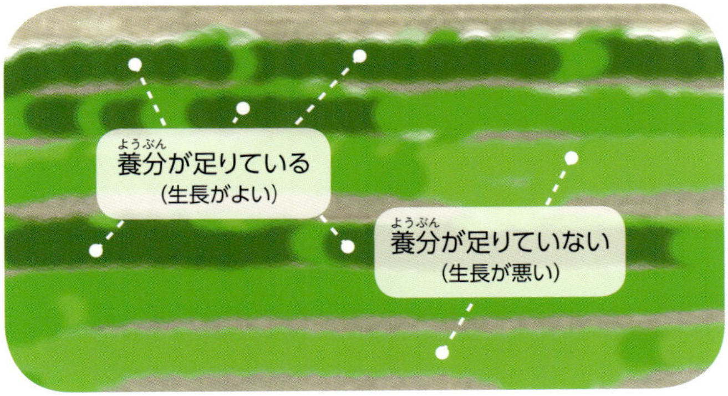

センサーでつくるイネの生長マップ

センサーで分析《ぶんせき》したデータをもとに作られた「生長マップ」（左）。生長マップを見ると緑色のこい部分とうすい部分があります。こい部分は、まわりのイネにくらべて生長がよく、うすい部分は生長が悪いことを示しています。こうして、センサーで分析された結果をもとに肥料の量をかげんし、生長がそろうようにします。

写真提供／農研機構農業技術革新工学研究センター

人《じん》工《こう》衛《えい》星《せい》を使って収《しゅう》穫《かく》時《じ》期《き》を色分け

青森県では、「青天の霹靂《へきれき》」をブランド米としてそだてる取り組みをしています。米の品質は、味と見た目＝形とつや、かおりによって決まり、作り方によって左右されます。なかでも収穫時期《しゅうかくじき》、肥料《ひりょう》のやり方、土づくりがポイントです。

青森県農業技術センター農林総合研究所では、収穫時期を予測《よそく》するために、人工衛《じんこうえい》星《せい》を使った研究をすすめて実用化しました。

人工衛星の画像から「収穫適期《しゅうかくてきき》マップ」（右上の画像）を作成し、田んぼごとに収穫時期を色分けしています。マップはインターネットを通じて農家に提供され、農作業に生かされています。

取材協力・写真提供／青森県農業技術センター農林総合研究所

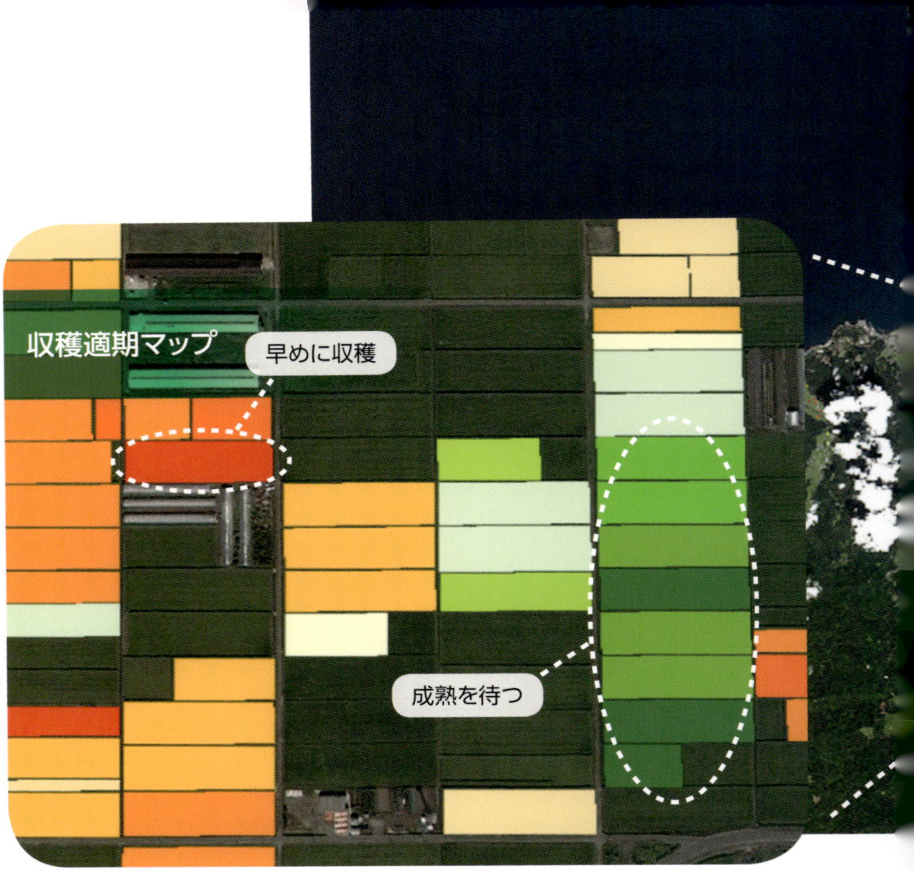

画像提供／ Sentinel-2

米は、収穫時期をまちがえると品質が落ちてしまいます。上のマップは、人工衛星の画像がとらえた穂《ほ》の色をもとに収穫予測時期を色分けして示したものです。赤い色は早めに収穫し、緑色のこいところは成熟（みのること）を待ちます。

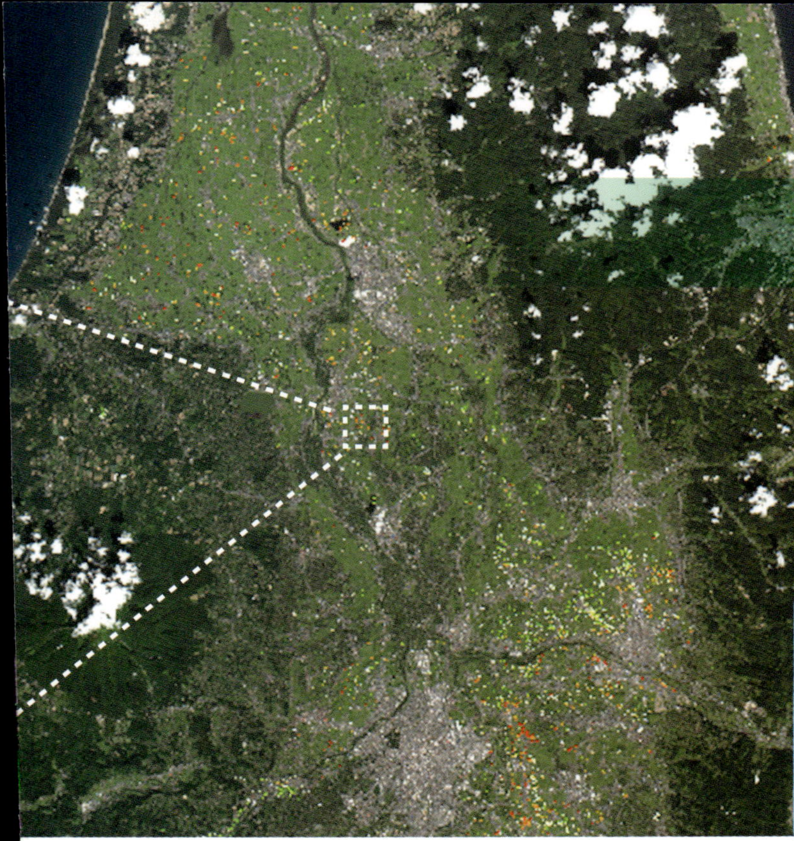

画像／Googleから転載

青森県津軽地方（赤枠《あかわく》）

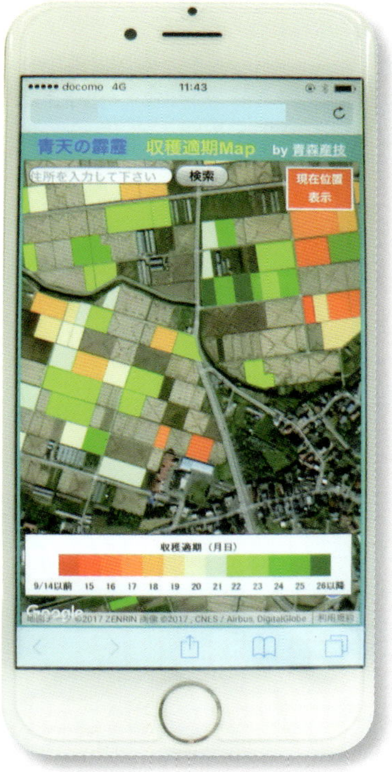

収穫適期マップは、スマートフォンでも見ることができます。

実際の穂《ほ》の色の変化

郵便はがき

料金受取人払郵便

本郷局承認

2347

差出有効期間
2020年3月31日
まで

（切手を貼らずに
お出しください）

113-8790

473

（受取人）
東京都文京区本郷2-27-16 2F

大月書店 行

穂の色は、もみがみのってくると緑色から黄褐色《おうかっしょく》に変化します。この色のちがいを利用して、衛星画像を使い、水田ごとの収穫《しゅうかく》の時期を判断します。
この技術は、人工衛星の画像と調査地点のデータをもとにマップを作成する研究を重ねて精度を高め、実用化されました。データは、パソコンやスマートフォンで見ることができます。

GNSSで精《せい》密《みつ》農《のう》業《ぎょう》

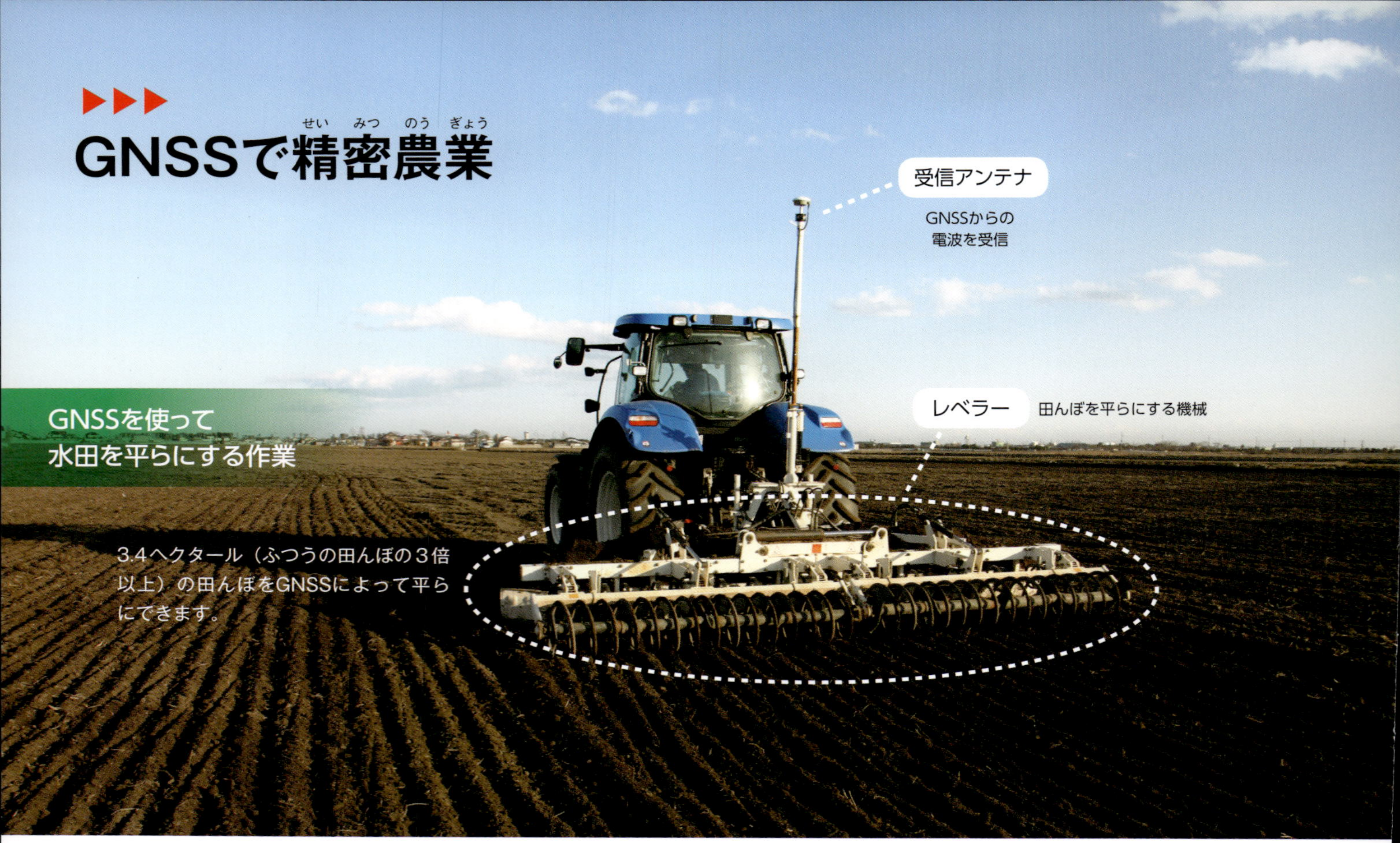

受信アンテナ
GNSSからの電波を受信
GNSSを使って水田を平らにする作業

田んぼを平らにする機械
3.4ヘクタール（ふつうの田んぼの３倍以上）の田んぼをGNSSによって平らにできます。

GNSS（Global Navigation Satellite System の略語＝GPSもふくむ）は、人工衛星《じんこうえいせい》を使って現在の位置を示すシステムのことをいいます（14ページ参照）。身近なところではカーナビやスマートフォンの地図検索《けんさく》に使われています。

このシステムは、農業機械の操作《そうさ》にも使われています。たとえば、水田は平らでないとイネの生長《せいちょう》にばらつきができます。これをGNSSとレベラー（平らにする機械）を組み合わせることで、広い田んぼも高低差《こうていさ》が２cmとおどろくほど平らにできます。

このほか、田んぼの管理、農業機械の自動運転などに使われ、農作業の精度《せいど》が高くなりました。

写真提供／農研機構東北農業研究センター

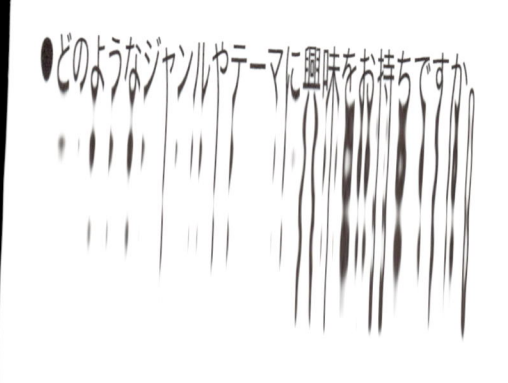

走行経路《そうこうけいろ》がわかる機器が、そなえられています。

自動運転中は、ハンドルから手をはなし、GNSSを使って運転をします。

取材協力／農研機構東北農業研究センター、林ライス

自動運転田植え機による田植え

自動運転の時代がやってきた

米作りでは、田植え機、コンバイン、トラクターと機械化がすすみ、作業がはかどり、楽になりました。いっぽうで、機械を使いこなすための経験が必要で、作業を記録する手間もかかりました。

しかし、農業機械の自動化によって、少ない人間で運用《うんよう》でき、操作《そうさ》をおぼえればだれでも作業できるようになりました。また、作業記録が同時につけられるため、作業のデータ化もかんたんに

農業機械の自動運転は工場でのオート
生産とことなり、生きた作物を相手にし
れぞれ広さも形もちがう田畑での作業に
そのため、かんたんには実用化できませ

これを可能にしたのが、GNSSとICT
で、2017年に自動運転田植え機が完成し

自動運転田植え機による田植えでは、苗《なえ》がきれいにまっすぐ植えられています。

自動運転による田植え

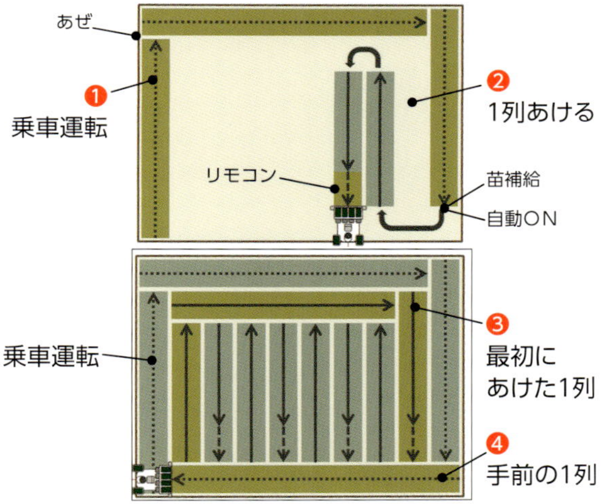

❶乗車運転で外周《がいしゅう》を植え付け、同時に、田んぼの形、大きさをコンピュータで記憶《きおく》します。❷１列あけて植え付けていきます。❸あけた一列を植え付けます。❹あぜに排水装置《はいすいそうち》などがあるので手前の１列を乗車運転で植え付けます。

取材協力・写真提供／農研機構農業技術革新工学研究センター

自動運転で田んぼを耕《たがや》す「アグリロボ」トラクター（上）と無人の運転席（下）。トラクターは、後部につけるインプルメント（作業機《さぎょうき》）をつけかえることができ、田起こしや代《しろ》かきなど、いろいろな農作業に使うことができるようになっています。

写真提供／株式会社クボタ

最新鋭コンバインで「見える化」農業

取材協力・写真提供
／株式会社クボタ

食味《しょくみ》センサー（右上）と収量センサー（右下）が取り付けられたコンバイン。

米作りでは、味がよくて、収穫量《しゅうかくりょう》（とれる量）が多いことが求められます。味と収穫量は、肥料《ひりょう》の種類、量に左右されるので、肥料のやり方が重要になってきます。

最新鋭《さいしんえい》のコンバインでは、刈《か》り取りを行いながら、センサーによって、田んぼの場所ごとの米の味、収穫量をデータ化することができます。

このデータは、コンピュータで分析《ぶんせき》・画像化し、次の年の田んぼごとの肥料のやり方に利用されます。これによってだれでもかんたんに、しかも正確で計画的に肥料をまくことができます。

このように、イネの生長《せいちょう》や田んぼの状況をデータで正確につかむことができ、農業の「見える化」がすすんでいます。

ICT（情報技術）を利用したコンバインの仕組み

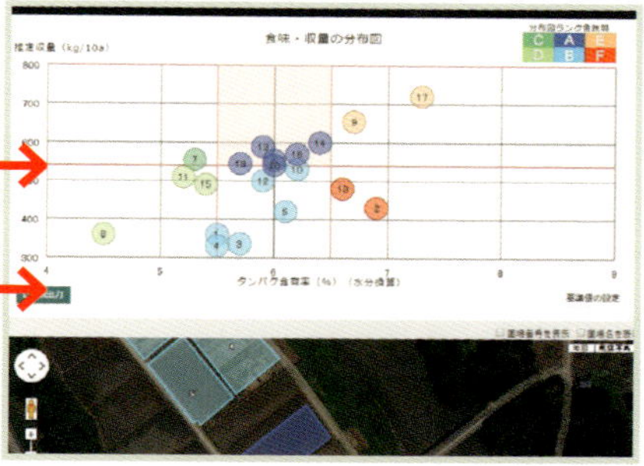

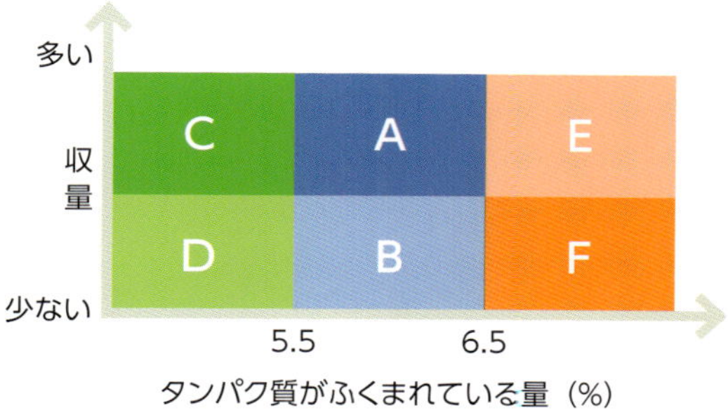

ゾーン	食味《しょくみ》	収　量《しゅうりょう》
A	○	○
B	○	×
C	×	○
D	×	×
E	×	○
F	×	×

食味《しょくみ》センサーと収量《しゅうりょう》センサーから送られてきたデータをコンピュータで分析《ぶんせき》・画像化。

田んぼごとの食味（タンパク質がふくまれている量で決まる）、とれる量を表示。Aは食味、収量ともすぐれていますが、ほかのゾーンは改善が必要なことがわかります。タンパク質の量、とれる量は、目標にあわせて自由に設定できます。

データをもとに次の年の作業計画をたてて、実施《じっし》します。これにより「見える化農業」がすすみ、食味、収量とも向上します。

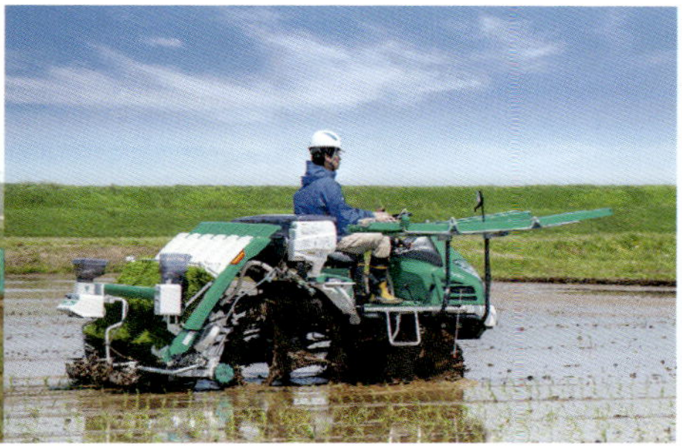

前年のデータをもとにトラクターで田んぼを耕し(上左)、肥料《ひりょう》をまきます。肥料は、田植え機（上右）で田植えと同時にまくことができ、トラクターや田植え機は、自動運転ができるものもあります。

データがタブレットやスマートフォンに送られて、確認しながら作業できます。

▶▶▶

米作りに使われているGNSSのしくみ

アメリカ（GPS）
ナブスター・ブロックIII 衛星

日本（準天頂衛星《じゅんてんちょうえいせい》）

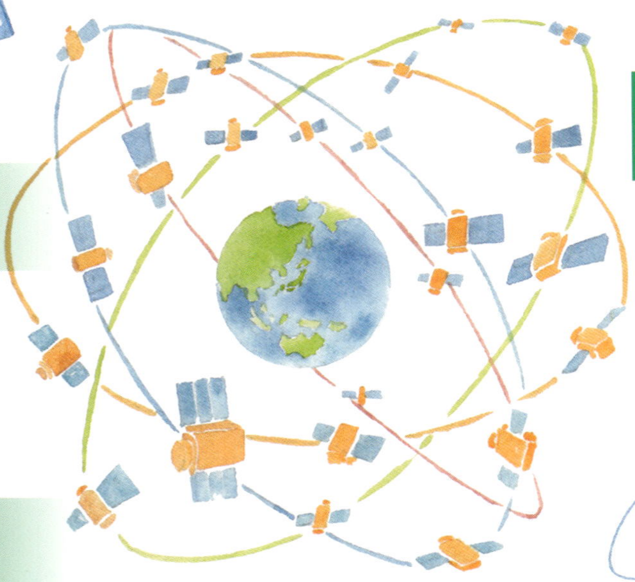

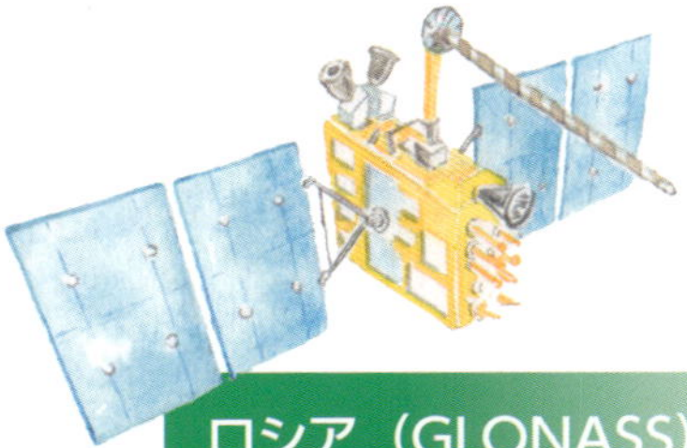

ロシア（GLONASS）
グロナスK衛星《えいせい》

「みちびき」（上）と軌道《きどう》（下）。
8字軌道の衛星が3個そろうと
日本で24時間利用できます。

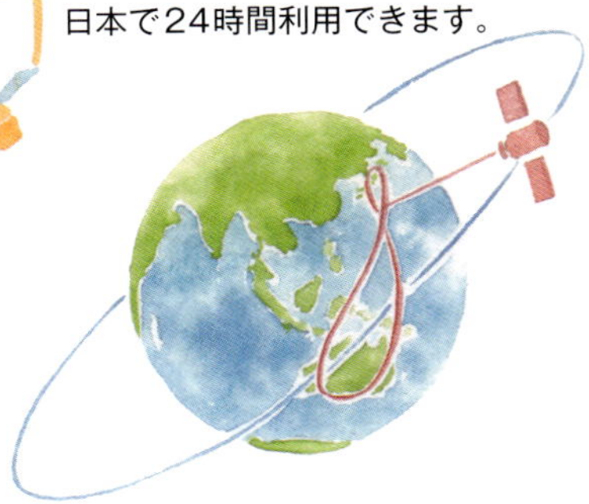

GNSS＝人工衛星《じんこうえいせい》を使って位置を決めるシステム

GNSSとは、人工衛星《じんこうえいせい》を使って測位《そくい》（位置を決める）するシステムのことをいいます。GNSSに使われている人工衛星は、アメリカ、ロシア、EU、中国、日本などが打ち上げています。

GNSSは、土地の測量《そくりょう》、カーナビ、道路の渋滞情《じゅうたいじょう》報《ほう》、路線《ろせん》バスの運行状況表示《うんこうじょうきょうひょうじ》、地震《じしん》や火山の噴火予《ふんかよ》知《ち》など、くらしのなかでたくさん使われています。

農業でもICT（情報技術）と組み合わせて、田んぼを平らにする作業、種まき、農業機械の自動運転、田畑の管理などに使われています。

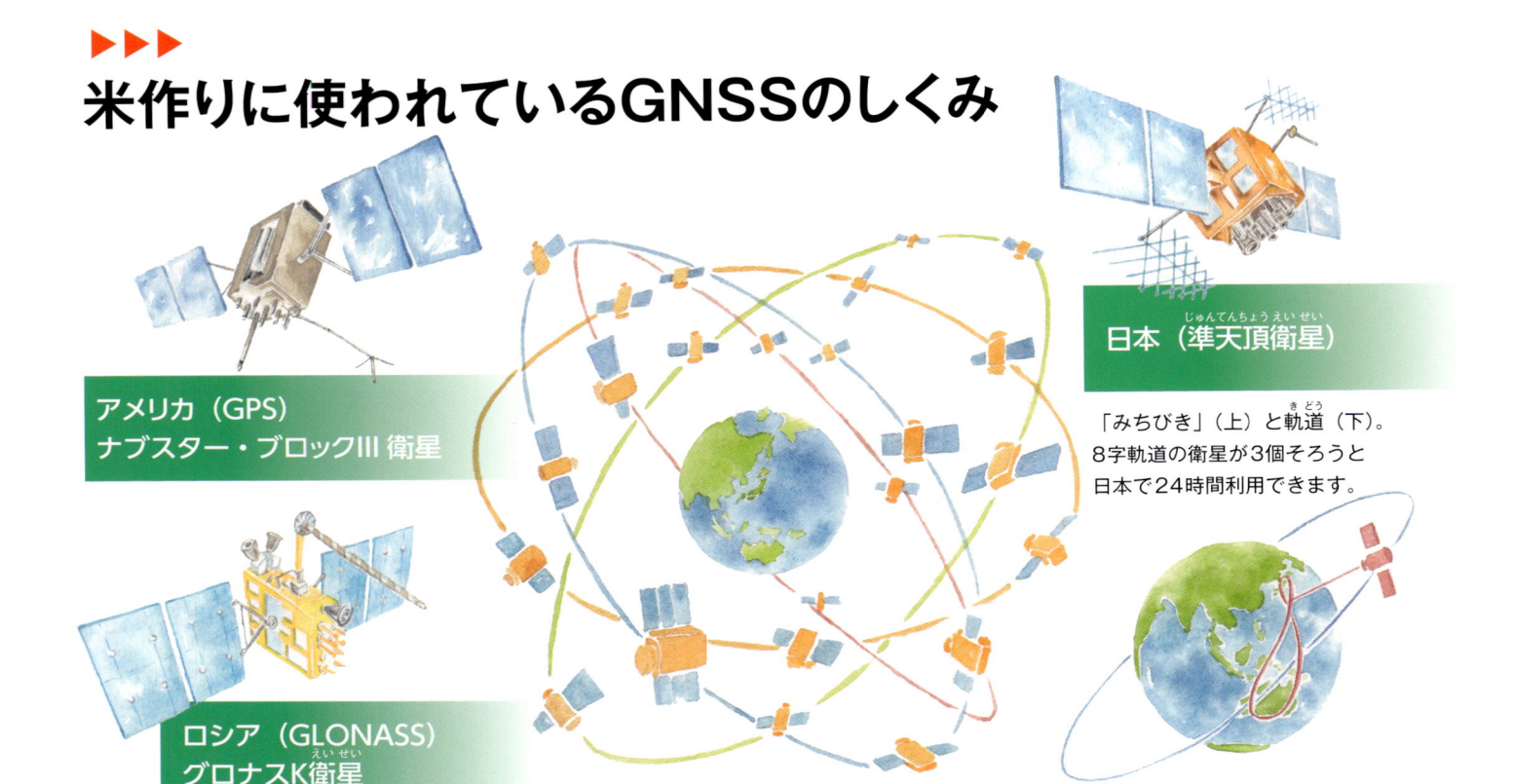

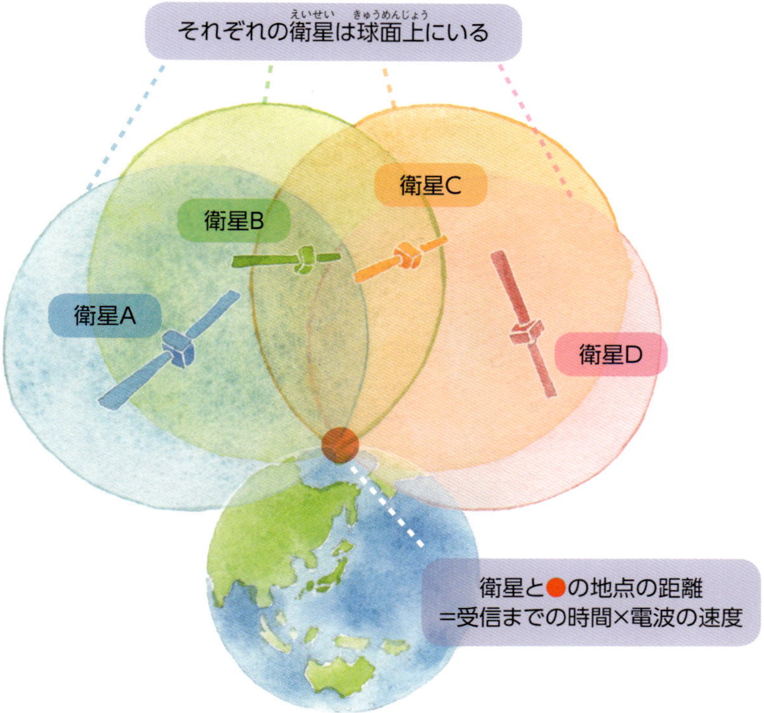

位置の決め方

人工衛星から地上に電波を出し、宇宙での位置と発信した時刻《じこく》を伝えます。その電波を地上の受信機で受信して、その位置を割り出します。受信機の位置は、３個の衛星（A・B・C）と受信機との距離をはかって特定されます。距離は衛星から電波が発信された時刻《じこく》と、受信者がその電波を受信した時刻の差に電波の速さ（秒速約30万キロメートル）をかけて求められます。受信機は衛星《えいせい》から等距離《とうきょり》でえがける球面上《きゅうめんじょう》のどこかに位置し、３つの球の交わる２地点のうち、地表に近い方が受信機の位置となります。ただし、実際には受信機が内蔵する時計の精度が低いため、４基目の衛星（D）との距離も測ってずれを補正《ほせい》しています。

正確に農機具を使うしくみ

田を平らにする作業や種まき、自動運転では、できるだけ精密《せいみつ》に機械を動かす必要があります。そこで作業地点に基準局《きじゅんきょく》を設置し、インターネットと組み合わせてコントロールしています。これによってGNSSの測定精度《そくていせいど》が高まります。また、インターネットと結びつけることでデータの記録ができます。

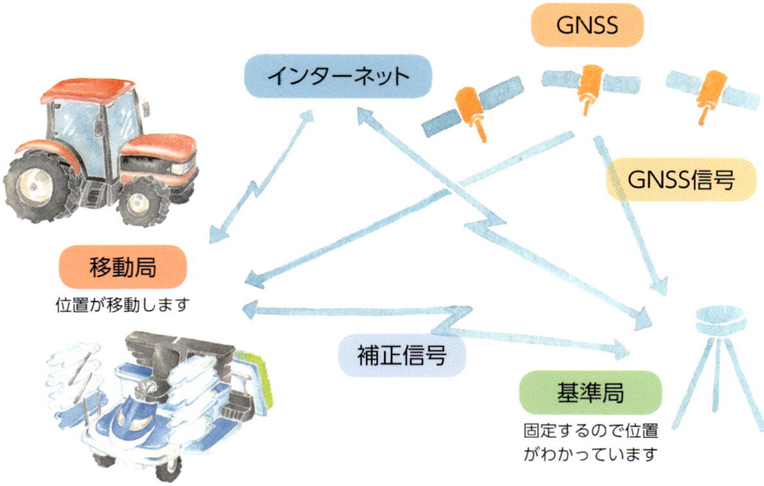

スマート農業と米作りの未来

スマートとは、ハイテク＝最新技術のことで、スマート農業は、最新の技術や機械を使い、農作業の人手を少なくし、すぐれた農産物を作ることをめざす農業です。

現在、ほとんどの農作業が機械化されています。これに、ICTなどの最新技術が加わることで、米作りは、新しい時代に向かっています。

農機具は機械化され、自動操縦《そうじゅう》で動く

農家も消費者も満足する農業

農家

- とれる量がふえ、品質もよくなります。
- 消費者からよろこばれます。
- 収入がふえ、将来に希望がもてます。

消費者

- おいしい米が食べられます。
- どのように作られたかがわかります。
- 安全・安心な食生活ができます。

- 農作業が楽になります。
- 作業時間が短くなります。
- 農業技術や機械の操《そう》作《さ》をかんたんにおぼえることができ、農業が楽しくなります。

スマート農業のめざすもの

- 米の生長《せいちょう》やみのりぐあいを正確に知ることができます。
- 田んぼの場所と面積、養分《ようぶん》など土の状態をつかむことができます。

▶▶▶ 遺伝子《いでんし》をとらえて米を改良

DNA《ディーエヌエー》マーカーで遺伝子《いでんし》をとらえる

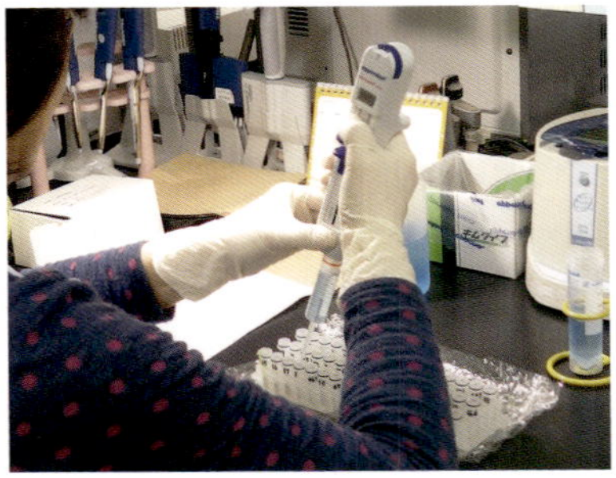

1　調べたい米つぶか葉をとり、薬品の入った試験管に入れてとかします。

▶▶▶

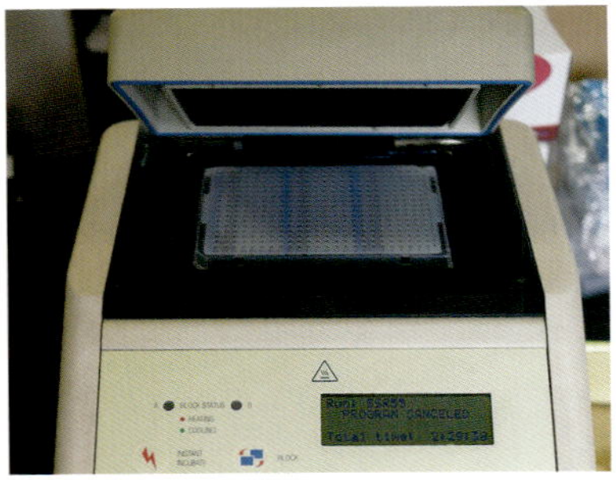

2　機械に入れて標的《ひょうてき》になるＤＮＡをふやします。

▶▶▶

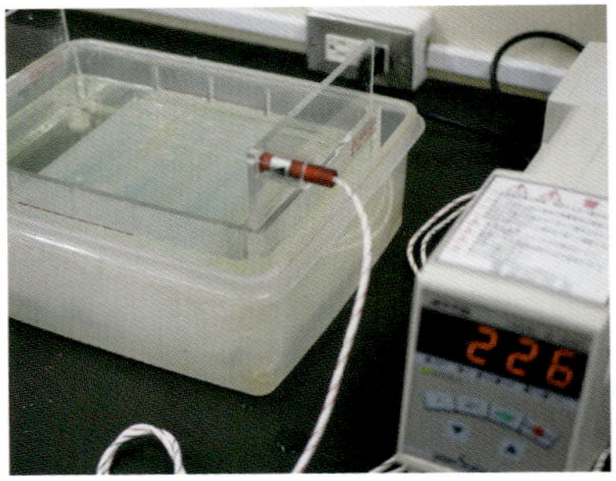

3　2でふやしたDNAを液体のかんてんに入れて電気を流します。

▼▼▼

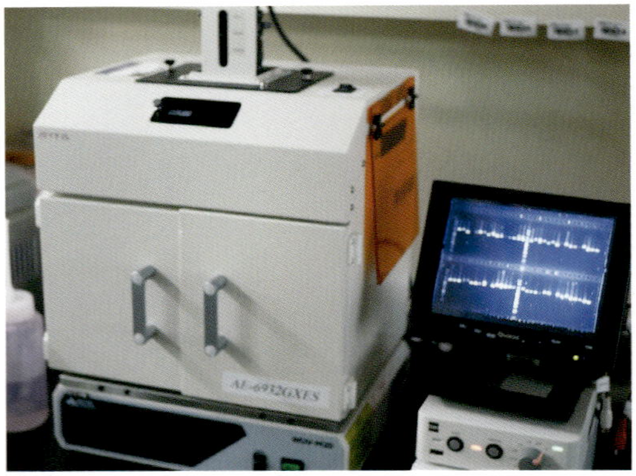

4　紫外線《しがいせん》を当てると目的の遺伝子《いでんし》をとらえることができます。これを高感度《こうかんど》モノクロカメラで撮《さつ》影《えい》し、画像にします。

イネの品種は、遺伝子《いでんし》によって親の性質が規則的に受けつがれます。イネの新しい品種は、こうした遺伝の法則を使って、人工交配《じんこうこうはい》（次ページ参照）でつくられます。

遺伝子の研究がすすむ前は、イネを見た目で判断していたため、思ったような成果が出ないことが多くありました。現在では、遺伝子をＤＮＡマーカーという装置《そうち》を使って科学的にとらえることでができるようになり、新しい品種づくりの技術が、大きく進歩しました。

DNAマーカーで研究中
- とれるまでの期間が早いか遅いか
- 病気やストレスに強いか
- たくさんとれるか
- おいしいかどうか

取材協力・写真提供／農研機構次世代作物開発研究センター

新しい品種を作る方法

交配《こうはい》（左）と、交配したイネにほかの品種の花粉がつかないようにしてそだてているところ（右）。「病気に強くておいしい米」をつくるために、「おいしい品種」と「病気に強い品種」を交配します。交配して得た種は、試験田《しけんでん》にまいてそだてます。

試験田では、手やものさしなどで調べていましたが、「おいしさ」などは収穫前《しゅうかくまえ》に調べることはできません。現在は、DNAマーカーを使うことで田植えをする前においしさを調べることができ、育種《いくしゅ》（品種改良の一つ）の手間と時間を短縮《たんしゅく》できるようになりました。

DNAのしくみ

生物はたくさんの細胞によってできていて、その中に遺伝情報の保存《ほぞん》と伝達《でんたつ》をする「核《かく》」があります。核のなかには染色体《せんしょくたい》があり、DNAが折りたたまれるようにして入っています。

DNAは塩基対《えんきつい》がたくさんつながってできていて、この組み合わせが遺伝情報です。

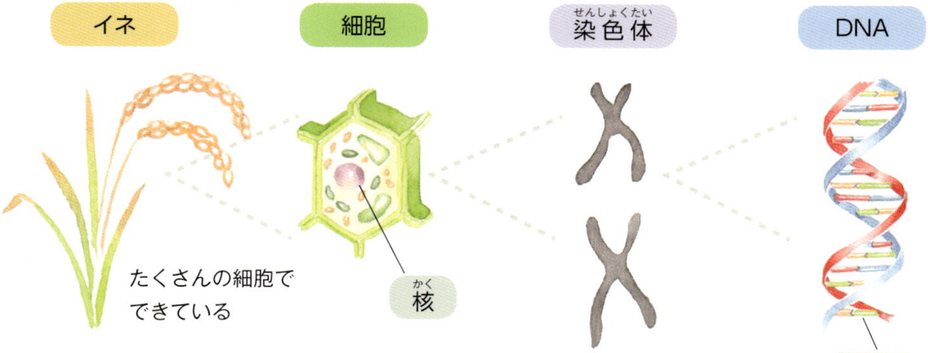

現在、イネの遺伝子数は約3万2000個と推定されています。このうち2万9966個をDNAマーカーでキャッチし、品種の研究に使っています。イネの場合、DNAは４億6000万個の塩基対でつくられていますが、不要な塩基対もたくさんあります。DNAマーカー技術は、遺伝情報に使われている場所をマークするしくみです。

②
いろいろな米作りにいかされる技術

米作りは、それぞれの地域の自然環境《しぜんかんきょう》や気候《きこう》に合わせて、くふうを重ねられてきました。

ここでは、豊かな景観《けいかん》と自然環境のなかで行われている中山間地《ちゅうさんかんち》での米作りの機械化、２年のあいだに米とムギ、ダイズも作る２年３作の技術をみていきます。

あわせて、ユニークな農業機械も紹介します。

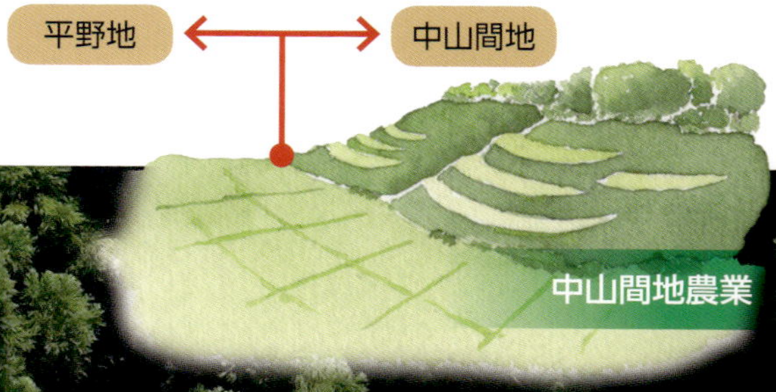

中《ちゅう》山《さん》間《かん》地《ち》農業《のうぎょう》の機械化

小型化されているが、5条《じょう》植え（同時に5列植える）ができます

中山間地で活躍する田植え機

坂でも走れるようになっています

38.3度までかたむいてもたおれません

中山間《ちゅうさんかん》地《ち》農業《のうぎょう》は、全国の耕作面積《こうさくめんせき》（農業を営んでいる田畑の面積）の40パーセントをしめ、地域の重要な産業です。また、中山間地の田んぼは、豊かな景観《けいかん》を保ちながら、「自然のダム」としての役割をもち、山くずれなどの災害《さいがい》を防《ふせ》いでいます。

このように中山間地農業のもつ役割は重要です。

しかし、中山間地は傾斜地《けいしゃち》が多く、平野地ほどには1枚の田んぼを広げることができません。そのため、効率面《こうりつめん》などから耕《たがや》すことをやめてしまい、荒れ地となることもあります。

そこで中山間地の米作りをすすめるために、小型でさまざまな使い方ができる機械がつくられてきました。

薬剤散布《やくざいさんぷ》

田植え機の後部の装置《そうち》をかえて薬剤散布《やくざいさんぷ》（農薬をまく）に使用。装置をかえることでいろいろな用《よう》途《と》に使えます。

溝《みぞ》切《き》り

溝《みぞ》切《き》り機として使っているところ。溝切りによって排《はい》水《すい》と入水《にゅうすい》が早くでき、水管《みずかん》理《り》がしやすい田んぼをつくることができます。

取材協力・写真提供／農研機構農業技術革新工学研究センター

技術と機械が支える2年3作と乾《かん》田《でん》直《ちょく》播《はん》

2年3作は、2年間で米、ムギ、ダイズを作る技術で、乾田直播《かんでんちょくはん》は、かわいた田に直接種をまき、苗《なえ》になったころに水を入れてそだてる方法です。東日本大震災（東北地方太平洋沖地震による災害）後、試験栽培《しけんさいばい》が行われ、実用化されました。

2年3作と乾田直播では、①コンバインや種まき機が米とムギ作りに使える、②年間をとおして農地を使える、③それぞれの作物を作る経費《けいひ》がこれまでよりも少なくなる、などのメリットがあります。

取材協力／アグリードなるせ・林ライス

年	1年目											
月	1月	2月	3月	4月	5月	6月	7月	8月	9月	10月	11月	12月
2年3作の農業				乾田直播《かんでんちょくはん》による米作り								
農作業		耕起《こうき》		種まき→水入れ			防除《ぼうじょ》		収穫《しゅうかく》・種まき・排水対策《はいすいたいさく》・耕起・施肥《せひ》			

2年3作の農作業

スタブルカルチ（土を耕《たがや》す機械）による田起こし。これにより、水はりと排水《はいすい》がよくなります。

グレーンドリル（種をまく機械）による乾田直播（左）と種をふみつける踏圧《とうあつ》（上）。グレーンドリルは、ムギやダイズの種まきにも使えます。

ダイズ畑（手前）と水田（奥）。

米の収穫《しゅうかく》後、同じ農地（左）でムギの試験栽培が行われました。

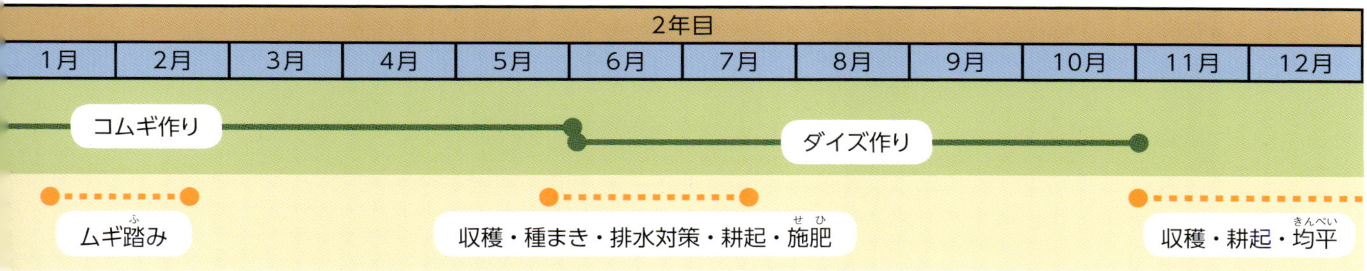

汎用《はんよう》コンバインによるダイズの収穫《しゅうかく》。米、ムギの収穫にも使えます。

トラクターにローラーをつけてムギ踏み。霜柱《しもばしら》でムギがうきあがるのを防《ふせ》ぎ、じょうぶなムギをそだてます。

自脱型《じだつがた》コンバイン（p27参照）による米の収穫。自脱型コンバインはムギの収穫にも使えます。

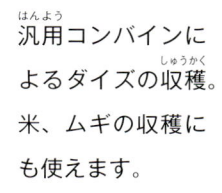

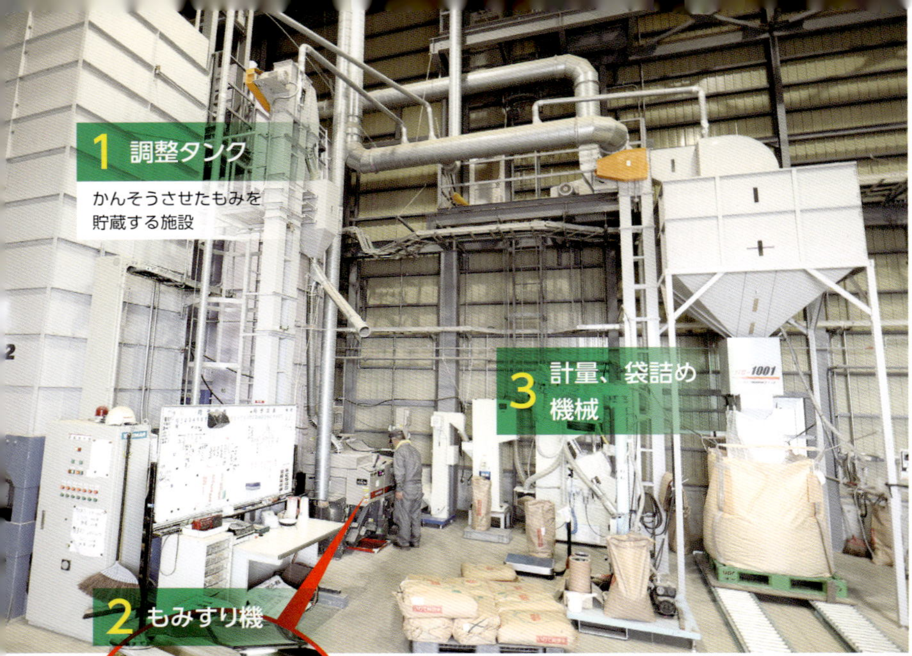

もみはかんそうさせて調整タンク（1）に保管します。つぎにもみすり機（2＝円内）で玄米《げんまい》にし、3計量して袋詰めにして出荷します。

施設には、玄米を白米にする精米機（1）と石やごみを取りのぞく石ぬき機（2）、品質のよい米を選ぶ精選機（3）などが設置され、安全でおいしい白米ができます。

取材協力／林ライス

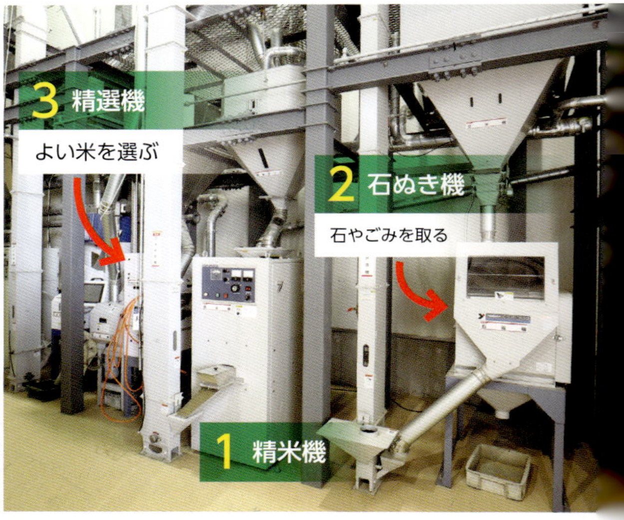

▶▶▶

最新施設で米の保管《ほかん》・精米《せいまい》

　収穫《しゅうかく》した米は水分が多く、そのまま保存《ほぞん》するとカビが発生するなどして品質が落ちます。そのため、かんそうして貯蔵《ちょぞう》します。貯蔵は、もみのまま低温で行います。低温で貯蔵することで、もみは休眠《きゅうみん》（活動を中止していること）するので品質が落ちません。

　その後、玄米《げんまい》にして出荷《しゅっか》します。なお、消費者に直接送るときは、精米《せいまい》して白米《はくまい》にします。

　また、かんそうから出荷までは、地域の農家が共同でつくったカントリーエレベーター（次ページ参照）などの施設を使う場合があります。

生産者と消費者をつなぐカントリーエレベーター

1 入り口で品質を検査《けんさ》するために サンプルのもみを受け取り、計量《けいりょう》

2 地下にもみを入れて収納《しゅうのう》

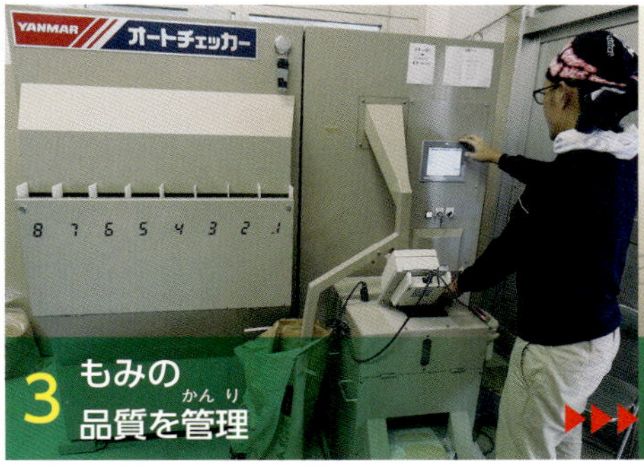

3 もみの品質を管理《かんり》

4 火力でかんそうさせて貯蔵《ちょぞう》

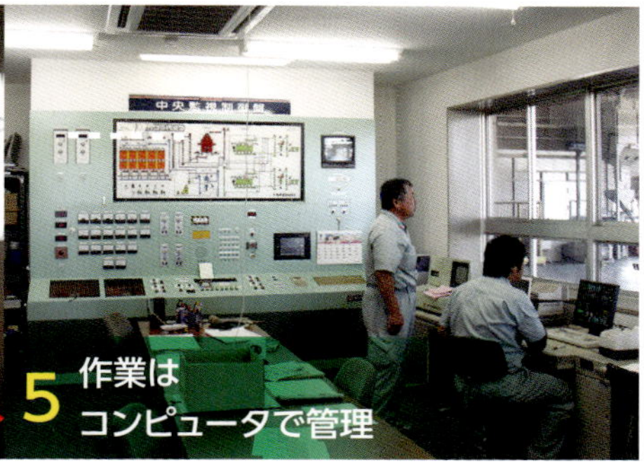
5 作業はコンピュータで管理

カントリーエレベーターは、農家が収穫《しゅうかく》した米をかんそう、貯蔵《ちょぞう》し、出荷《しゅっか》するための施設《しせつ》です。

取材協力／JA魚沼みなみ

農作業に合わせて進歩した機械

米作りの作業は1965年（昭和40）に田植え機が発売されてから、一気に機械化がすすみました。現在ではICTと組み合わせた自動運転やロボット農機も開発されています。

種まき機　苗箱に土、肥料を入れて、種をまくことができます。

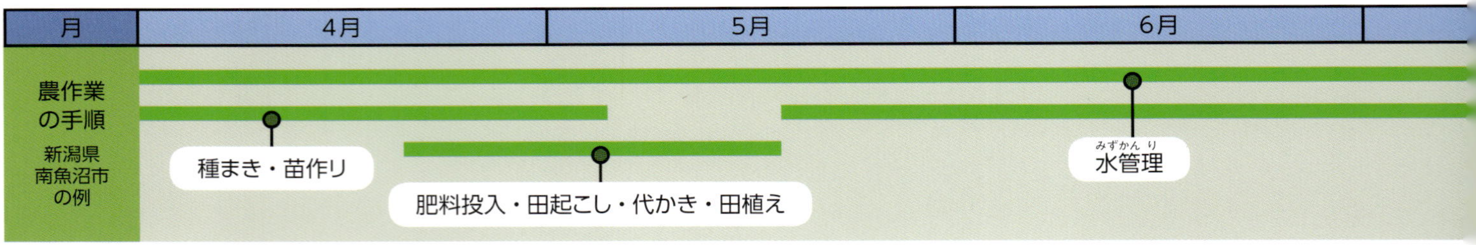

スタブルカルチによる田起こし。つめのような機具によってあらく、深く耕すことができます。

田起こし

田起こし

代かき

田起こし（右上）と代かき（右下）。トラクターの後ろにつけたロータリーという機具がぐるぐる回って土を耕《たがや》し、細かくして平らにします。

田植え機。苗箱が左右に動いて、下の苗から順番に植えます。○内は苗をつめでとった瞬間。田植えをしながら肥料もまいています。

田植え機

田んぼが川より高いところにある場合は、揚水機《ようすいき》を使って水をくみあげます。機械がない時代は、人力や水車が使われていました。

揚水場《ようすいじょう》

無人ヘリコプターによる消毒《しょうどく》

短時間で広い範囲《はんい》を消毒《しょうどく》できます。

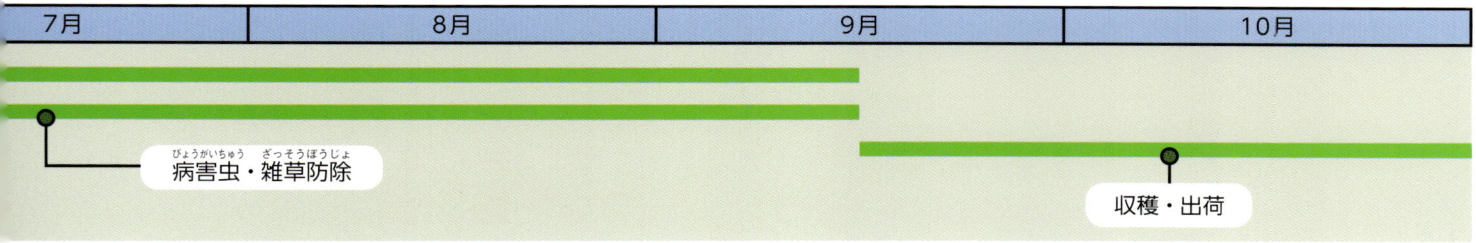

コンバインによるイネの刈り取り

コンバインによって刈り取られたもみ（米）をトラックに積み込んで貯蔵施設に運びます。

左の写真のコンバインは、「自脱型《じだつがた》」といい、刈り取りと同時に脱穀《だっこく》（稲《いな》わらからもみをはずす）し、もみをタンク内に取り入れることができます。日本で1966（昭和41）年に実用機が完成しました。

取材協力／アグリードなるせ、林ライス

③
地《ち》域《いき》社《しゃ》会《かい》とともにすすめる米作り

米作りの未来は、「地域社会に認められ、豊かな生活ができる農業として希望がもてるかどうか」にかかっています。

ここでは、地域といっしょになって東日本大震災から立ち直った米作り、若者が夢をかけて取り組んでいる有《ゆう》機《き》栽《さい》培《ばい》、「コシヒカリ」の特産地の取り組みを紹介します。

▶▶▶ 震災から立ち直って、新しい農業へ

アグリードなるせの田んぼでの稲刈り

2011年３月11日の「東日本大震災」によって海水にひたった田んぼ（宮城県東松島市）。海水によって田んぼにたまった塩分を取りのぞき、現在では米、ムギ、ダイズを作っています。

取材協力／アグリードなるせ

2011年３月11日に発生した「東日本大震災」による津波《つなみ》は、田畑をのみこみ、農業に大きな被害《ひがい》をあたえました。宮城県東松島市にあるアグリードなるせは、海水にひたり、がれきの山におおわれた田んぼをよみがえらせ、６次産業化を試みながら地域とともに歩んでいます。

６次産業とは、農業（１次産業）だけではなく、食品加工（２次産業）、販売･流通（３次産業）に取り組み、農業を豊かにしようとするものです。１次×２次×３次＝６次から名づけられました。

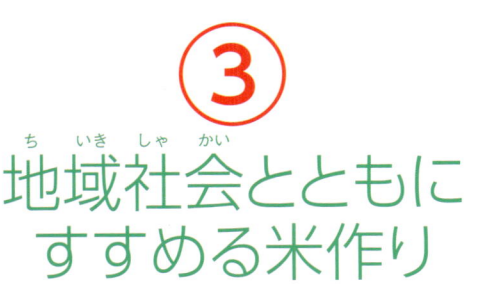

田植え（米作り）

ムギの種まき

ダイズの収穫

無人ヘリコプターによる野菜畑の消毒

アグリードなるせの事務所と施設

年間をとおしていろいろな作物を作る

- 土地がむだなく使え、農業収入がふえます。
- 年間をとおしてはたらけます。
- はたらく場所がふえます。

作物を加工して売る

- 地域との結びつきが強まります。
- はたらく場所がふえます。
- 収入がふえます。

▶ **若者に好かれる農業**

▶ **地域《ちいき》づくりに役立つ農業**

▶ **くらしが豊かになる農業**

機械化と設備を整える

- 農作業が楽になります。
- 規模拡大ができます。
- 農業での利益が上がります。

地域と人の輪が支える農業

直営店で売られている加工品と農産物

小麦粉の製粉機

バウムクーヘンを作っているところ

コムギは、自分の工場で小麦粉にして販売しています。また、自家製小麦粉を使ったバウムクーヘンや、自家製ダイズの納豆《なっとう》も作っています。

代表の吉田道明さん（左から6人目）と
吉田農園の仲間たち

若者たちの米作りへの挑戦

吉田農園（滋賀県長浜市《しがけんながはまし》）の代表・吉田道明さんは、会社員のころに出あった有機栽培《ゆうきさいばい》の米作りにひかれて、農業を始めました。有機栽培とは、化学肥料《かがくひりょう》や農薬を少なくし、自然の肥料や土の力をいかして作物を作るやり方です。

吉田さんは、「安全でおいしいお米」をできるだけ多くの人に安く提供したいと考え、無農薬米《むのうやくまい》（農薬を使わずに作った米）をはじめ、環境にこだわり、JAS（有機食品の認定制度）の認定を受けた低農薬米を作っています。また、できるだけ安くして、多くの人に食べてもらうために、新しい技術や機械を取り入れ、規模《きぼ》を大きくてしています。

そんな吉田さんのもとには、「米作りに夢をかける」若者たちが集まり、彼らの作る米は、消費者のあいだに広がっています。

取材協力・写真提供／株式会社吉田農園

成苗植え

除草

成苗《せいびょう》（本葉が６～７枚出た苗）を植えることができる田植え機。大きくなった苗を植えることで雑草をおさえています。

吉田農園の事務所での作業。商品は、ネットや口コミで広げて販売しています。

環境をアピールする看板

雑草をおさえるために有機資材を使い、生えた雑草は除草機で取りのぞきます。

吉田農園の無農薬米

にこまる

準長寿米

コシヒカリの里の米作り

「魚沼《うおぬま》コシヒカリ発祥之地《はっしょうのち》」碑《ひ》

「コシヒカリ」は、1954年に「越南《えつなん》17号」という名前で試験栽培《しけんさいばい》が開始されました。新潟県《にいがたけん》南魚沼市《みなみうおぬまし》は、「越南17号」の試験栽培地になり、「コシヒカリ」として品種登録されて以降、今日まで作りつづけています。最初は、みのるとたおれてしまい、うまく作れなかったのですが、試験場や農家の努力で「コシヒカリ」の有名な産地になりました。

南魚沼市の田植え風景（5月中旬）

この近くで「コシヒカリ」の試験栽培が行われました。

成苗《せいびょう》植え

成苗を植えることができる田植え機による田植え

苗代

ビニールハウスのかわりに、保温シートを使って屋外で苗《なえ》をそだてています。

雑草を防《ふせ》ぐために田植えと同時にシートをしきます。

有機栽培用《ゆうきさいばいよう》の田植え機

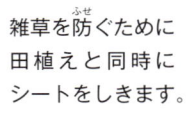

9月なかばになるといっせいに稲刈りが始まります

JAや農業改良普及センターの職員、農家でそだちぐあいを調べ、農作業に生かしています。

コンバインで刈《か》り取ったあとに出る細かい稲《いな》わらを機械でまとめて、ウシのエサに使います。

収穫した米は、JAのカントリーエレベーターでかんそう、脱穀《だっこく》して出荷《しゅっか》します。

取材協力／ JA 魚沼みなみ

4
米作り小事典

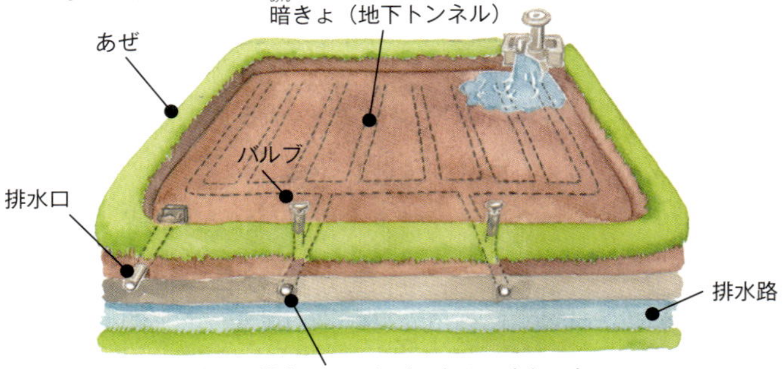

あ行

アイガモ農法：水田にカモを放して雑草や害虫を食べさせる農法で、農薬を使用しない有機・無農薬栽培《むのうやくさいばい》で使われています。

赤米《あかまい》：米の一種。

あぜ：水田をしきり、水がもれないようにしたもの（右上の図：水田の構造）。

アルファ米：加工して、かんそうさせた米。お湯か水を注ぐだけで食べられます。保存がきくので非常食にも使われています。

暗《あん》きょ排水《はいすい》：水田の下に穴のあいたトンネルなどをつくって、排水を行う装置《そうち》（右上の図：水田の構造）。

育種《いくしゅ》：交配《こうはい》によって新しい品種をつくること。品種改良のひとつ。

育苗《いくびょう》（機《き》）：苗をそだてること。機械も使われています。

イネ：イネ科の一年草。イネの実が「米」です。学名は「Oryza sativa」。日本には中国大陸から紀元前10世紀後半に伝えられました。p.36「イネの一生」参照。

いもち病：イネの病気。葉がかかる「葉いもち」と穂《ほ》がかかる「穂いもち」があります。イネの病気には、このほかしまはがれ病や紋枯病《もんがれびょう》などがあります。

うるち米：米の一種。ふだん、たいて食べている米。

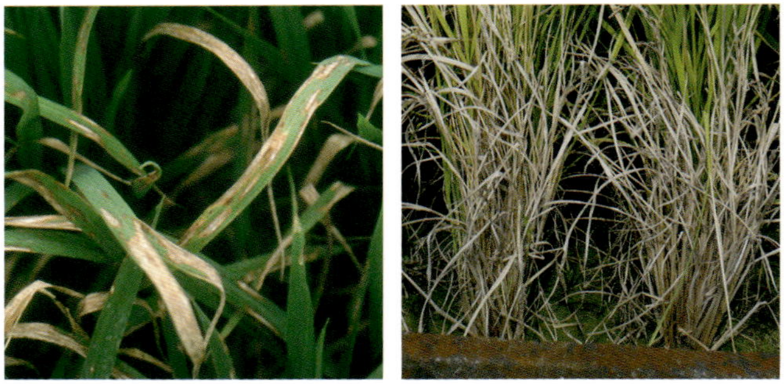
イネの病気：葉いもち（左）としまはがれ病
（右：写真提供／農研機構 佐藤宏之）

えい花：イネの花のこと。

営農集団《えいのうしゅうだん》：集落営農の項参照。

塩水選《えんすいせん》：塩水につけると中身の軽いもみがうかびあがることを利用して、よい米を選ぶ方法。農学者の横井時敬《よこいときよし》が考案《こうあん》しました。

温暖化：地球全体の平均気温が上昇し、生態系《せいたいけい》に悪い影響をおよぼすことがあります。原因は、工場や車などから出された二酸化炭素やメタンなどの温室効果ガスといわれています。農業では、高温障害《こうおんしょうがい》が出ています。

か行

害虫《がいちゅう》：イネの害虫には、トビイロウンカやクモヘリカメムシ、ツマグロヨコバイなどがあります（下の写真参照）。

イネの害虫：トビイロウンカ（左）、クモヘリカメムシ（中）、ツマグロヨコバイ（右）。
写真提供／農研機構 菊地淳志

化《か》学《がく》肥料《ひりょう》（肥料）：化学的につくられた肥料です。日本最初の化学肥料製造会社は1887（明治20）年にできました。

過《か》疎《そ》化《か》：人口が減って地域社会が成り立たなくなること。

かんそう：かんそうの方法には天日干し（下の写真）と機械によるものがあります。

はさがけ

棒がけ

干拓《かんたく》：海や沼、湖をうめたてて農地をつくること。佐賀県の有《あり》明《あけ》干拓《かんたく》、岡山県の岡山平野干拓、秋田県の八郎潟干拓《はちろうがたかんたく》などがあります。

乾田《かんでん》：水の出し入れができて、水をぬくことで土がかわく田んぼのことです。水がぬけないか、ぬいても土がしけっている田んぼを湿田《しつでん》といいます。米をたくさんとるために明治時代以降、各地で乾田化がすすみました。乾田は土がかたくなり、人力では耕《たがや》しにくいため馬耕《ばこう》（ウマを使って耕す）が取り入れられました。また、２年３作など、田んぼを畑として使う場合は、乾田が条件となります。

乾田直播《かんでんちょくはん》：p.22～23参照。

カントリーエレベータ：p.25参照。

規《き》模《ぼ》拡大《かくだい》：耕《こう》地《ち》（農作物を栽培《さいばい》する田畑）面積をふやし、農業経営を大きくすること。

均平《きんへい》機《き》：p.8参照。

グレーンドリル：p.9、22参照。

黒米《くろまい》：米の一種。

玄米《げんまい》：p.37参照。

高温障害《こうおんしょうがい》：温暖化による高温で米が白くにごって品質が悪くなり、収量も落ちる現象。高温障害にたいしては、栽培方法の改善と、高温に強い品種づくりが行われています。

交配《こうはい》（人工交配《じんこうこうはい》）：p.18～19参照。

穀物《こくもつ》：作物のうち、種を食べるものをいい、多くが主食となっています。そのうち、米、ムギ、トウモロコシは世界三大穀物といわれています。

米（左）・ムギ（中）・トウモロコシ（右）

水田の雑草。イヌビエ（左）、オモダカ（中）、セリ（右）

米：イネの実。ジャポニカ種（日本型）、インディカ種（インド型）、ジャバニカ種（ジャワ型）があります。水田で栽培《さいばい》するものを水稲《すいとう》、畑で栽培するものを陸稲《りくとう》といいます。デンプンの性質でうるち米ともち米があります。白米のほかに赤米、黒米などもあります。

コンバイン：刈り取りと脱穀《だっこく》が同時にできる機械。刈り取ったもみだけをタンクに取り込む自脱型《じだつがた》コンバインは、1966（昭和41）年に完成。p.12～13参照。

イネの一生

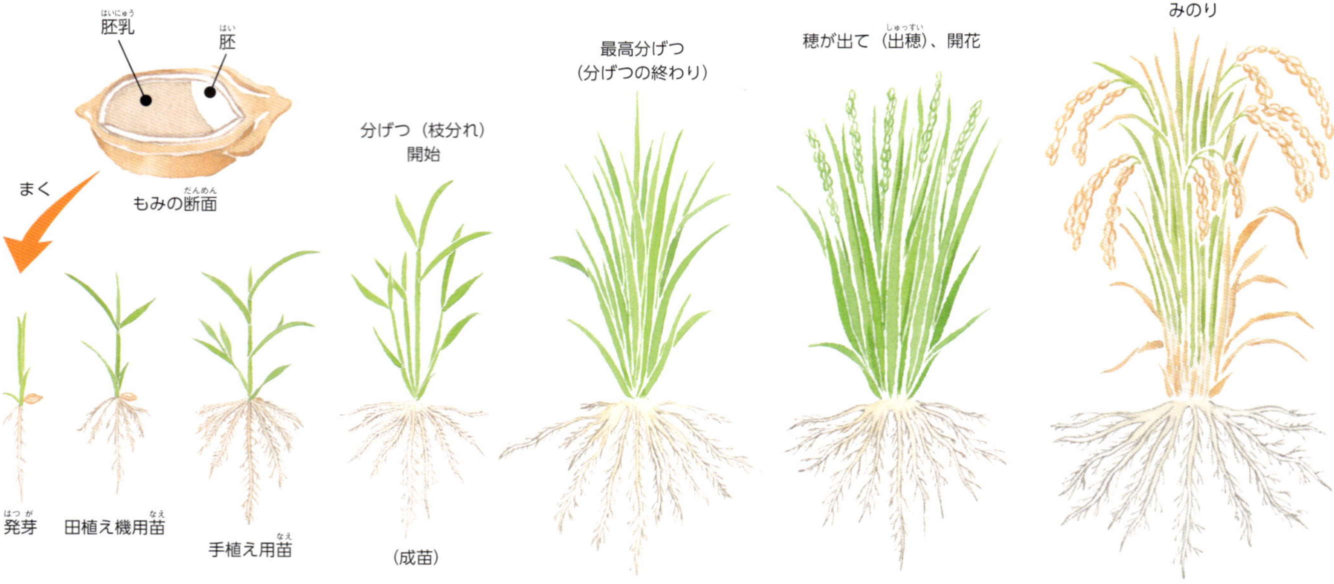

コンピュータ：電子回路《でんしかいろ》を使い、キーボード操作《そうさ》などによってデータの蓄積《ちくせき》、検索《けんさく》、加工を高速度で行うことができる装置《そうち》。

さ行

雑草（水田雑草）：水田雑草には、種によって生えてくる一年草雑草と、地下茎《ちかけい》（地下の根の一部）などによって発生する多年生雑草、ウキグサやモ類など約90種類あります。

GNSS：p.8～9、10、14～15、16参照。

JA：農業協同組合の愛称。農業協同組合は、同じ目的をもった農業者が、たがいに助け合うことで農業と生活を豊かにすることを目的とした組織。

もみ

玄米《げんまい》

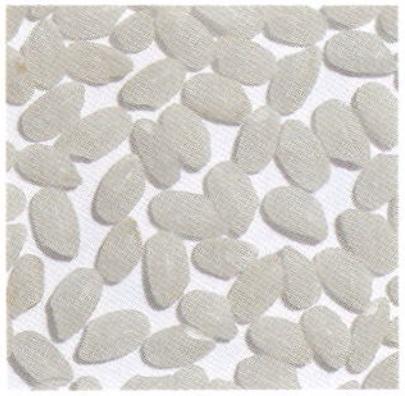
白米《はくまい》

イネの種子をもみ、もみがらを外したものを玄米《げんまい》、玄米のまわりの皮をけずったものを白米《はくまい》といいます。

湿田《しつでん》：乾田《かんでん》の項《こう》を参照。

自動運転：p.10～11参照。

収穫《しゅうかく》：農作物を取り入れること。

集落営農《しゅうらくえいのう》：集落を単位として、共同で農業に取り組む組織をいい、法人化がすすんでいます。JAは「地域営農集団」として提案しています。

出穂《しゅっすい》：p.36「イネの一生」参照。

出荷《しゅっか》：作物を市場に出すこと。p.24参照。

除草《じょそう》（機）：雑草《ざっそう》を取りのぞくこと。その農具。p.31参照。

飼料米《しりょうまい》：家畜《かちく》のえさに使う米。

代《しろ》かき：田起こしのあとに土をどろどろにし、土の表面を平らにならす作業。これにより、田んぼの水もれを防《ふせ》ぎ、苗《なえ》がむらなく生長します。p.26参照。

人工衛星《じんこうえいせい》：目的をもって人工的につくられた衛星《えいせい》。p.14～15参照。

スタブルカルチ：田を耕《たがや》す機具。p.22、26参照。

スマート農業：p.16～17参照。

生長《せいちょう》マップ：p.5参照。

青天《せいてん》の霹靂《へきれき》：青森県産業技術センター農林総合研究所で育成。p.6参照。

精米《せいまい》（精米機）：玄米《げんまい》のぬかの部分を取りのぞいて白米《はくまい》にすること。精米機はその機械。p.24参照。

センサー：p.2～3、4～5、12～13、17参照。

た行

田んぼ：穀物《こくもつ》を植えるためにつくられた農地。

大規模農家：広い耕地面積《こうちめんせき》をもつ農家。農業法人では100haをこえるものもあります。

ダイズ：マメ科の一年草。エダマメはダイズの熟《じゅく》さないものをいいます。

堆肥《たいひ》：わらや落ち葉などを微生物《びせいぶつ》によって分解《ぶんかい》してつくった肥《ひ》料《りょう》。

田植え機：1965（昭和40）年に歩行型が商品化され、1985（昭和60）年ごろにほぼ現在と同じ乗用型ができました。p.10～11、13、17、20、26、31、32参照。

田起こし：田の土をほりおこし、くだく作業で耕起ともいいます。p.11、22、26参照。

脱穀《だっこく》：もみ殻を外すこと。玄米ができます。

稚苗《ちびょう》：田植え機用の苗。

中山間地農業《ちゅうさんかんちのうぎょう》：p.20～21参照。

追肥《ついひ》：肥料《ひりょう》の項参照。

DNA：p.18～19参照。

等級《とうきゅう》：農林水産省によってもうけられた玄米の検査規格《けんさきかく》によってつけられます。検査《けんさ》は、きちんとした形をしている米粒の割合（整粒歩合《せいりゅうぶあい》）や虫食いの有無、透明感《とうめいかん》などで行われ、１～３等級、等級外に分けられます。

特A米：日本穀物検定協会による「食味ランキング」でとくにすぐれた食味をもつ米。

トラクター：外国製は1800年代につくられ、日本製は1920（大正９）年ごろにできました。前後につける機具により、いろいろな利用法があります。

ドローン：p.2～3、4、17参照。

な行

苗《なえ》：種から芽が出て植えかえるまでの草木。米では稚苗、中苗、成苗にわけられています。

苗代《なわしろ》：苗《なえ》をそだてるところ。

２年３作：p.22～23参照。

農業試験場：農業の研究機関。

農業法人：農業経営を目的とした法人（法律で人格が認められ、社会的な活動を行っている組織）。

農研機構：「国立研究開発法人農業・食品産業技術総合研究機構」の通称。日本の農業と食品産業の発展のための研究開発を行う国の機関です。

農薬：農作物に害をおよぼす生物やウイルスを防《ふせ》ぐためと、生長に役立つ薬剤《やくざい》。病害虫を防ぐ「天敵《てんてき》」も農薬とみなされています。1917（大正６）年に、日本初の農薬製造工場ができて国産化されています。

は行

胚芽《はいが》（胚芽米）：種子のなかにあって、芽《め》となって生長する部分。胚芽米は胚芽《はいが》を残して精白《せいはく》した米。

発芽《はつが》：種子から芽《め》が出ること。

東日本大震災：2011（平成23）年3月11日に発生した東北地方太平洋沖地震による災害。

肥料《ひりょう》：植物の生長を助ける栄養分で人間によってあたえるもの。肥料成分には、窒素《ちっそ》、リン酸、カリ、カルシウム、マグネシウムなどがあります。化学肥料、有機栽培の項参照。肥料のやり方には、作物を育てる前にほどこす「元肥《もとごえ》」と、生長に合わせてほどこす「追肥《ついひ》」などがあります。

品種：一定の特ちょうによって同一の単位として分類された生物群。「ゆめぴりか」「つや姫」「コシヒカリ」などがあります。育種《いくしゅ》によって新しい品種がつくられています。

ブランド米：銘柄米《めいがらまい》ともいわれ、特定の品種や産地が指定され、人気の高い米。

分げつ：イネは根元から枝分かれをします。これを「分げつ」といいます。生長《せいちょう》して実がなるものを有効《ゆうこう》分げつ、ならないものを無効《むこう》分げつといいます。

ま行

無洗米《むせんまい》：研《と》がなくてもたける米。白米を筒《つつ》のなかで高速でかくはんする方法と、水で洗ってすぐかわかす方法などでつくられます。

もち米：米の一種。もち、赤飯《せきはん》などに使われています。

もみ：p.36「米の一生」参照。

や行・ら行

有機栽培《ゆうきさいばい》：p.30～31参照。

用水路《ようすいろ》：田んぼの水をとり入れる水路。

幼穂《ようすい》：穂の元。

リモートセンシング：p.3参照。

リモコン：p.10参照。

冷害《れいがい》：夏季に低温が続くことでおきる農業被害《のうぎょうひがい》。

６次産業：p.28参照。

●取材協力／写真提供
p.2-5　農研機構農業技術革新工学研究センター 山下晃平、p.6-7　地方独立行政法人青森県産業技術センター農林総合研究所 境谷栄二、p.8-9　農研機構東北農業研究センター、p.9、22-23、24　農事組合法人林ライス、p.10-11　農研機構農業技術革新工学研究センター 山田祐一、p.11、12-13　株式会社クボタ 後藤義昭、p.18-19　農研機構次世代作物開発研究センター 佐藤宏之、p.20-21　農研機構農業技術革新工学研究センター 藤岡修、p.22-23、26-29　有限会社アグリードなるせ、p.25、32-22　JA魚沼みなみ、p.30-31　吉田農園株式会社 吉田道明

●参考資料
「作物生育情報測定装置による水稲生育診断のための利用マニュアル」（農研機構他）、「乾田直播栽培技術マニュアルVer 3」（農研機構）、「解剖図説　イネの生長」（星川清親／著、農山漁村文化協会）、「nikkei 4946」（日本経済新聞）、「Saai Isara 2016年９月号」（ビッグローブ）、「図解雑学　GPSのしくみ」（株式会社ユニゾン／著、　ナツメ社）、「農業機械・施設便覧」（日本農業機械化協会）

監修　**大谷隆二**　おおたに・りゅうじ

山口県下松市生まれ。農研機構東北農業研究センター企画部長、博士（農学）。岡山大学農学部卒業。北海道農業試験場、中央農業研究センター、農水省大臣官房、東北農業研究センター農業機械研究室長等を経て現職。著書に「北の国の直播 乾田直播の技術開発と挑戦」（共著）がある。

著　**小泉光久**　こいずみ・みつひさ

1947年生まれ。國學院大學経済学部卒業。農業・農村、少子高齢化をテーマに執筆、制作に携わる。主な作品『身近な魚のものがたり』（著、くもん出版）、『農業に奇跡を起こした人たち（全４巻）』（著、汐文社）、『お米が実った！― 津波被害から立ち上がった人びと』（著、汐文社）、『農業の発明発見物語（全４巻）』（著、大月書店、第18回学校図書館出版賞受賞）、『根っこのえほん（全５巻）』（著、大月書店、第19回学校図書館出版賞受賞）、『米屋』（著、大月書店）ほか。

絵　**寺坂安里**　てらさか・あんり

科学がひらくスマート農業・漁業 1

人工衛星とITで米づくり

2018年９月14日　　第１刷発行

発行者　中川 進
発行所　株式会社 大月書店
〒113-0033 東京都文京区本郷 2-27-16
電話（代表）03-3813-4651　FAX 03-3813-4656
振替 00130-7-16387
http://www.otsukishoten.co.jp/

監修　大谷隆二
著　小泉光久
絵　寺坂安里
デザイン　なかねひかり
印刷　光陽メディア
製本　ブロケード

ISBN 978-4-272-40926-6 C8361
定価はカバーに表示してあります